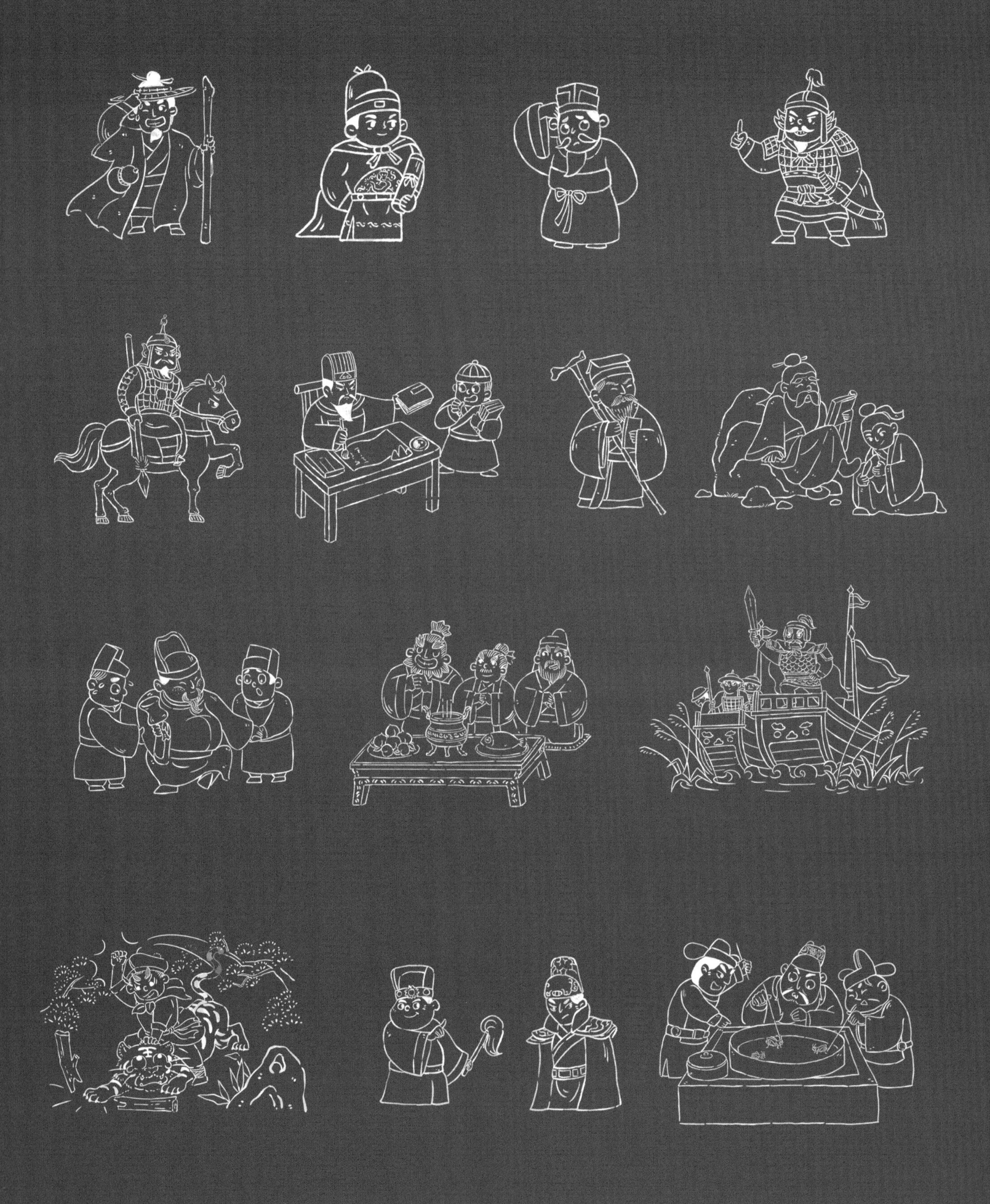

我在明朝當神探

段張取藝 著

新雅文化事業有限公司
www.sunya.com.hk

歷史解謎遊戲書
我在明朝當神探

作　　者：段張取藝
文字編創：肖嘯
繪　　圖：楊嘉欣、周祺翱
責任編輯：陳奕祺
美術設計：劉麗萍
出　　版：新雅文化事業有限公司
香港英皇道499號北角工業大廈18樓
電話：(852) 2138 7998
傳真：(852) 2597 4003
網址：http://www.sunya.com.hk
電郵：marketing@sunya.com.hk
發　　行：香港聯合書刊物流有限公司
香港荃灣德士古道220-248號荃灣工業中心16樓
電話：(852) 2150 2100
傳真：(852) 2407 3062
電郵：info@suplogistics.com.hk
印　　刷：中華商務彩色印刷有限公司
香港新界大埔汀麗路36號
版　　次：二〇二二年七月初版

原書名：《我在古代當神探 — 我在明朝當神探》
著/ 繪：段張取藝工作室（段穎婷、張卓明、馮茜、周楊翎令、李昕睿、肖嘯、楊嘉欣、周祺翱）

ISBN: 978-962-08-8046-9

18/F, North Point Industrial Building, 499 King's Road, Hong Kong
Published in Hong Kong, China
Printed in China

小咕嚕

有一隻叫作小咕嚕的神獸，牠的學名叫作獬豸（粵音蟹自）。牠長得既像羊又像麒麟，身上有着細密的絨毛，頭上頂着長長的獨角。

小咕嚕翻開了一本有魔法的書，被瞬間帶回了明朝。各位小神探必須解答出這個朝代每一個案件中的謎題，才能將小咕嚕帶回現實世界。

小神探，你能答疑解難，任務通關，讓小咕嚕成功從書中脫身嗎？

目錄

玩法介紹

閱讀案件資訊，了解案件任務。

案件的背景

需要完成的任務

翻頁進入案發現場。

案發現場，關鍵發言人的對話對解謎有重要作用。

圓圈顏色對應畫面同色的對話框。

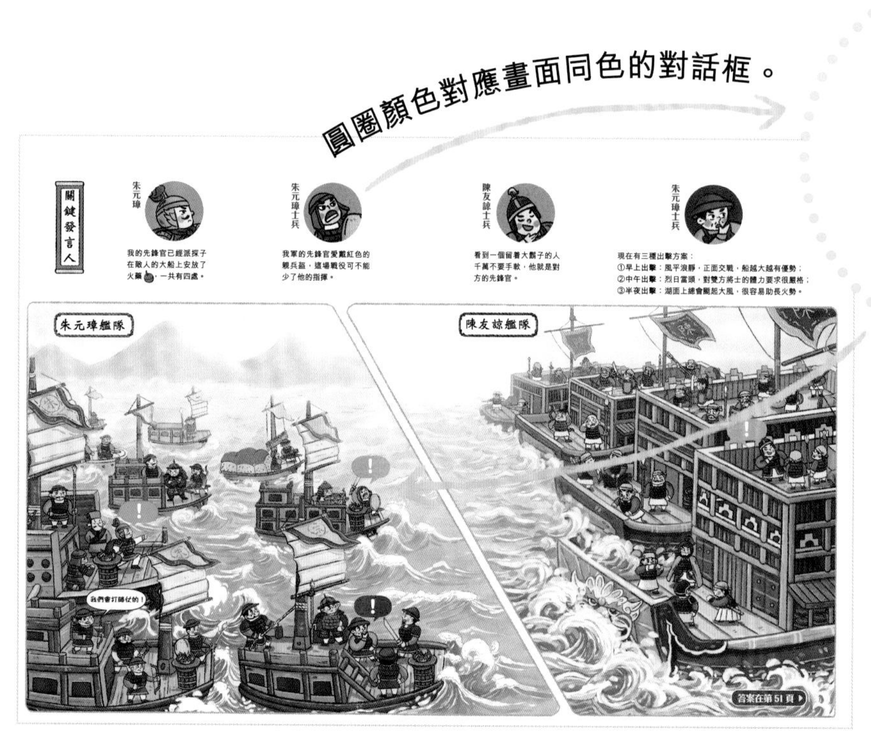

我軍的先鋒官愛戴紅色的親兵盔，這場戰役可不能少了他的指揮。

重要提示：

相同顏色的對話框是同一個任務的線索。

任務一 

任務二 

任務三 

部分案件需要用到貼紙道具。

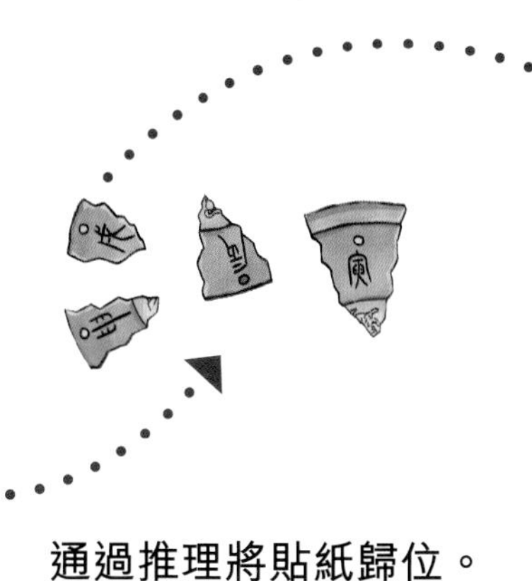

通過推理將貼紙歸位。

恭喜你通過任務。想知道案件的全部真相，請翻看第 51 至 55 頁的答案部分。

答案

反敗為勝的時機 第51頁
官印失竊案 第52頁
誰懷詭計偷上船？ 第52頁
尋找守城物資 第53頁
髮簪被竊案 第53頁
補齊缺失的鴛鴦陣 第54頁
明知故犯的人是誰？ 第54頁
真假寶藏之謎 第55頁
抓住武士首領 第55頁
小咕嚕在這裏！ 第56頁

反敗為勝的時機

案件難度：

任務一
尋找藏在敵人船上的火藥。

四處火藥

任務二
尋找朱元璋的先鋒官。

根據士兵的描述，在朱元璋船艦上的先鋒官是個大鬍子，愛戴紅色親兵盔，符合這兩個條件的只有一個人。

任務三
確定朱元璋下令出擊的時間。

已知陳友諒艦隊的船隻又大又結實。根據士兵的發言，早上出擊對朱元璋的艦隊不利，而中午天氣炎熱，對雙方士兵體力消耗較大，只有晚上的大風能讓火藥威力倍增。因此，應該半夜起風後出擊。

51

每一個案發現場都有小咕嚕的身影，快去找出牠吧！想知道答案，請翻看第 56 頁。

大明興衰詩

元末劫起戰亂始，英雄風雲際會時。

朱家有子名重八，日月同輝復中華。

鄱陽一戰天下定，劉基妙算神州同。

永樂年間有寶船，七下南洋耀國威。

土木之變驚朝野，幸有于公衛京師。

陽明龍場悟心學，戚公江淮演新軍。

張相隻手挽天傾，萬歷三征國勢休。

百年社稷雖已逝，謎案猶待後人遊。

反敗為勝的時機

案件難度：☆

鄱陽湖（鄱，粵音婆）上大戰一觸即發，敵軍陳友諒的戰船比朱元璋的又大又多，眼看敵軍勝利在望。好在朱元璋的先鋒官派人在敵船上做了手腳，萬事俱備，只等合適的時機發起攻擊。小神探，你能幫助朱元璋找出反敗為勝的時機嗎？

案件任務

一 尋找藏在敵人船上的火藥。

二 尋找朱元璋的先鋒官。

三 確定朱元璋下令出擊的時間。

關鍵發言人

朱元璋

我的先鋒官已經派探子在敵人的大船上安放了火藥，一共有四處。

朱元璋士兵

我軍的先鋒官愛戴紅色的親兵盔，這場戰役可不能少了他的指揮。

朱元璋艦隊

陳友諒士兵

看到一個留着大鬍子的人千萬不要手軟，他就是對方的先鋒官。

朱元璋士兵

現在有三種出擊方案：

①**早上出擊**：風平浪靜，正面交戰，船越大越有優勢；
②**中午出擊**：烈日當頭，對雙方將士的體力要求很嚴格；
③**半夜出擊**：湖面上總會颳起大風，很容易助長火勢。

答案在第51頁

最清貧的霸主

小神探幫忙選出合適的反攻時機，朱元璋最終獲勝。他統一全國，建立了一個嶄新的朝代——明朝。朱元璋是中國歷代開國皇帝中出身最貧寒的，他小時候以放牛為生，還當過乞丐。在起義軍中，他英勇善戰，很快就脫穎而出，加上他知人善用，手下有一批出色的大臣，幫助他最終成就霸業。

水戰那些事

小神探，你可知道歷史上除了有不少陸上戰爭，同時也會水上作戰？以下介紹幾場著名的水戰，它們對當時的政局都起了關鍵性的影響。

赤壁之戰

東漢末年，曹操大軍順江而下。東吳的周瑜、程普與蜀的劉備組成聯軍一起逆江而上，與曹軍在赤壁相遇。吳蜀聯軍用火攻大破曹軍，奠定三國鼎立的局面。

黃天蕩之戰

南宋初年，金軍繼續南下。宋朝大將韓世忠在黃天蕩利用地形伏擊金軍，從此金軍不敢輕易渡過長江，南宋半壁江山得以保全。

甲午中日戰爭

清朝末年，甲午中日戰爭爆發。號稱亞洲第一、世界第九，花費數百萬兩白銀打造的北洋水師艦隊與日本聯合艦隊連場激戰後，損毀慘重。

官印失竊案

案件難度：☆☆☆

大臣劉伯温的六枚官印在驛站被人偷走了！如果不及時找回來，盜賊拿着官印招搖撞騙，會帶來不少問題。小神探，請你趕快幫助劉伯温找回丟失的官印，抓住盜賊吧！

案件任務

一 在失竊的房間裏找出盜賊留下的四處痕跡。

二 在客棧裏尋找六枚失竊的官印。

三 找出偷走官印的盜賊。

公元一三六八年 明朝建立

被偷走的六枚官印是這樣的，一定要找回它們。

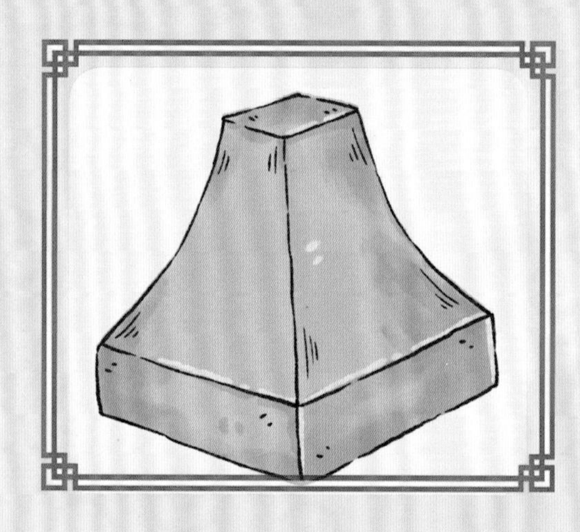

關鍵發言人

劉伯溫

我只出去半個時辰，官印就不翼而飛，要趕緊找回官印，不然麻煩就大了。

護衛

這不像是慣犯所為，我先偵查一番，一定能找到蛛絲馬跡。

答案在第 52 頁 ▶

書生

我是來城裏趕考的，路上買了一塊布放乾糧。到客棧後我就一直待在房間裏温習。

商人

我帶了一批黑布來城裏賣，書生和掌櫃都買過我的布。吃過晚飯後，我就倒頭大睡。

掌櫃

今天不小心把油墨沾了在褲子上，我就買了一匹布，想做條新褲子。

答案在第 52 頁 ▶

關鍵發言人

小二

我看到那個大官的包袱沉甸甸的，裏面好像有不少寶貝，就跟掌櫃、書生和王神仙說了，沒想到東西真的丟了。

王神仙

太累了，太累了，今天逛了布莊，身上沾了一些染料，趕緊泡個熱水澡。

神機妙算劉伯温

小神探和劉伯温合力抓住盜賊，找回丟失了的官印。結束這一段小插曲，劉伯温又能繼續執行公務了。歷史上，劉伯温以神機妙算聞名，民間也流傳着「三分天下諸葛亮，一統江山劉伯温」的說法。在許多人心中，劉伯温是能與諸葛亮相提並論的智者。

軍師那些事

軍師是古代一個官職，他們可能不善於上陣殺敵，但在軍隊行軍作戰中卻擔任重要的指揮、參謀、策劃等角色。

願者上鈎

姜子牙釣魚用直鈎，既不用魚餌，也不將魚鈎放進水裏。其實，姜子牙不是真的在釣魚，而是在等待能夠重用他的人。後來，他果然輔佐武王建立了周朝。

七擒孟獲

三國時期，南蠻時常騷擾蜀國的後方。在章回小說《三國演義》中，有「七擒孟獲」的故事，講述諸葛亮七擒七縱南蠻首領孟獲，讓他心服口服，也令蜀國的大後方安定下來。

運籌帷幄

張良少年時刺殺秦始皇失敗後，相傳得到了黃石公的《太公兵法》，成為漢高祖劉邦的重要謀士，被讚「運籌帷幄之中，決勝千里之外」（帷幄，粵音惟握）。

誰懷詭計偷上船？

案件難度：☆

皇帝派鄭和出使海上的各個國家。鄭和把船停在附近的小島上，想在當地採購一些物資，海盜們趁這個機會混進了船員裏，圖謀不軌。小神探，快幫士兵逐一檢查島上的可疑物品，並抓出混入船隊裏的海盜！

案件任務

關鍵發言人

隨行官員

要仔細檢查四周，如果發現彎刀、鈎子手和奇怪的帽子，都要向我報告。

大鬍子

我見過一些奇怪的帽子，上面刻着骷髏頭，在當地可做不出來。

火長
我負責指揮船隻航行。這邊的海盜很猖狂，有兩個海盜混進船隊，快找他們出來。
士兵
我們船員都有統一的制服，身上也不允許有紋身。
狡猾的海盜可能會把自己的紋身遮蓋住喲！
答案在第 52 頁
明
明
那艘船不是我們的吧？
！
！
！
糧食
珊瑚
珍寶舖

鄭和下西洋

小神探憑藉火眼金睛找到海盜的可疑物品，並抓住了混上船的海盜。第二天一早，風平浪靜，鄭和下令船隊再次揚帆起航。數十年後，已經是花甲老人的鄭和在第七次下西洋返程時去世。他一生到過數十個國家，最遠去過非洲的東海岸。他奇妙的海上經歷，在世界航海史上留下色彩斑斕的一頁。

探險那些事

中外有不少富有冒險精神的探險家，他們的事跡為人津津樂道。

玄奘法師（唐僧）

玄奘曾歷時十九年，西行取經，由他口述的《大唐西域記》記載了西域一百多個國家和城邦的生活方式、建築、婚姻等情況。玄奘西行取經的故事更被寫成《西遊記》。

徐霞客

徐霞客一生志在四方，足跡遍及中國的二十一個省份。晚年，他將三十多年的考察經歷撰成了六十餘萬字的地理名著《徐霞客遊記》。

麥哲倫

一五一九年，葡萄牙航海家麥哲倫率領一支船隊從西班牙出發，耗時三年，成功繞地球一圈，回到了出發的港口。麥哲倫的船隊是第一支完成環球航行的船隊，但麥哲倫本人不幸在途中去世。這次環球航行不僅證明地球是圓的，同時也宣告了地理大發現時代的到來。

尋找守城物資

案件難度：☆☆☆

明英宗御駕親征，卻在土木堡被蒙古軍隊打敗，英宗生死不明！現在蒙古軍隊打到了北京城下。兵部尚書于謙急得焦頭爛額，而與蒙古人勾結的奸臣喜寧不知道躲到哪裏，于謙還要忙着檢查城內的防禦漏洞和準備守城需要的物資。在這亂哄哄的時候，小神探，你趕緊幫幫于謙吧！

案件任務

一 根據兩個卷軸仔細檢查城內的十處不同。

二 幫助士兵找出急需的四樣守城物資。

三 尋找混入人羣的奸臣喜寧。

卷軸一
糧
糧

卷軸二
答案在第 53 頁
糧

要趕快找到喜寧，他穿黃色絲綢衣服，佩帶玉佩。

喜寧膽子很小，還會用易容術改頭換面。他遇到危險就會躲進人羣裏，要仔細觀察每一個人。

這兵荒馬亂的，居然還有寶物撿，這絲綢衣服和玉笛要值不少錢了。

有個人把我的假鬍子搶走，太讓人生氣了！

答案在第 53 頁

關鍵發言人

士兵

敵人已經兵臨城下了，我們現在急需弓和一些守城用的火油。

士兵

東邊的城牆角破了一個大洞，如果有沙袋和木頭，就能暫時堵住了。

于謙

官員

京師保衛戰

蒙古軍隊以為明朝經歷土木之變，在精銳盡失、皇帝被俘的情況下，一定會放棄抵抗，就一路南下來到北京城。但北京城的防衛井井有條，而明朝新的皇帝人選也確定下來，全城軍民眾志成城，打出了一場精彩的保衛戰。蒙古軍隊見無機可乘，只能灰頭土臉地回到草原。

建築那些事

一場守城戰役的勝負，關鍵有時在於城池是否夠鞏固，防衛措施是否準備充足。而說起建築，中國有不少重要的建築，各具意義，一起來看看。

紫禁城

皇宮在古代屬於禁地，平民不能進入，因此被稱為「紫禁城」。現在的紫禁城成了故宮博物院，裏面收藏了無數國寶。

天壇

中國歷來重視祭祀天地與祖先。北京天壇秉承了「天圓地方」的理念，成為皇家祭祀的地方，現在也是北京的著名景點，更被列為世界文化遺產。

紫霄宮

紫霄宮坐落在武當山的展旗峯下，與周圍的自然環境融為一體，明永樂皇帝封之為「紫霄福地」。

大報恩寺

位於南京的大報恩寺，是明成祖朱棣為紀念明太祖朱元璋而建。大報恩寺施工極其考究，是中國規模最大的寺院，為百寺之首。

髮簪被竊案

案件難度：☆☆

寧王叛亂了！威武大將軍朱壽率領軍隊前去平定叛亂。大軍駐紮休息時，朱壽最心愛的髮簪被偷了！沒有這枝髮簪，他連打仗的心情都沒了。士兵們要在森林尋找髮簪，可是森林中隱藏着很多危險。小神探，你能幫士兵們一一發現森林裏潛藏的危險，並找出髮簪，抓住小偷嗎？

案件任務

一 替士兵們找出森林裏潛藏的五處危險。

二 尋找丟失的髮簪。

三 找出偷走髮簪的小偷。

關鍵發言人

剛剛聽到的吼聲是什麼？是誰偷走了我的髮簪？還不趕緊給我去找！

我之前見大將軍經常把玩那枝簪子，是彩色的蝴蝶樣式 。

森林裏危機四伏，陷阱、毒物、野獸都要提前檢查清楚。

太監

大將軍身邊只有穿藍色衣服的僕人有機會接觸髮簪，他們有很大嫌疑。

副將

這附近有很多野獸、陷阱，小偷行動肯定會遇到危險，留下痕跡。

士兵

如果碰到熊可能會小命不保，遇到馬蜂被螫，會腫成一個紅包，遇到毒蛇被咬了，傷處會發青！

答案在第 53 頁 ▶

貪玩皇帝

雖然小神探成功找回髮簪，但因為拖延太久，寧王這場小小的叛亂已經被當地的官員解決。其實大將軍朱壽就是當時的皇帝朱厚照，在明朝歷史上，他出名貪玩任性。他除了自封大將軍御駕親征，還給自己專門造了兩處遊樂園，整天沉迷玩樂，不理朝政，令百姓怨聲載道。

明朝皇帝那些事

除了朱壽，明朝還出過幾位「另類」的皇帝。

美食專家：朱高熾

朱高熾是朱棣的兒子，他的父親朱棣太能幹了，導致他繼位之後無事可做，唯有寄情品嘗美食，結果體重直線飆升，連走路都需要太監攙扶着。皇帝雖然很胖，但他在位期間為政開明。

蟋蟀天子：朱瞻基

朱瞻基（瞻，粵音尖）是有名的賢君，他善於用人。因此，就算他成天鬥蛐蛐，國家也蒸蒸日上。

任性大王：朱翊鈞

朱翊鈞（粵音翼君）從小就被長輩嚴加管教，導致親政後變得十分任性。雖然在位前十五年曾被評為「賢君」，但後來因為與大臣吵架，便三十年不上朝，簡直任性到極致。

木工達人：朱由校

朱由校雖然當皇帝不怎麼樣，但一定是一個優秀的木匠，皇室的工具、住的房子都是他親手打造的，水準讓專業木匠都自愧不如。

案件難度：☆☆

倭寇（粵音窩扣）又來襲擊沿海地區的老百姓了！朝廷命令戚繼光組建一支新軍對付倭寇，但是，事務繁忙的戚將軍忘記把徵兵令放在哪裏了。小神探，快去幫戚將軍找回令牌，並選出適合參軍的人選。最重要的是戚將軍發明的鴛鴦陣有幾處缺了人手，請幫忙補齊吧！

案件任務

一　找回戚繼光的令牌。

二　在軍營門口的九個人中，挑出符合戚家軍招兵條件的人。

三　用貼紙將鴛鴦陣補齊。

關鍵發言人

戚繼光

皇上命令我組建新軍，但象徵兵權的徵兵令 卻被我弄丟了，要趕緊找回來。

士兵

戚家軍招兵只要精銳的，年紀太大、身材太瘦弱的都不適合。

上次招了幾個書生，沒兩天就堅持不住。這次將軍特別跟我說，不招讀書人。

戚家軍都要練習鴛鴦陣，每個鴛鴦陣都是由十二人組成。

左右兩個鴛鴦陣的人員要對應，兩組清點一下，趕快讓各自的成員歸位。

答案在第 54 頁

戚繼光抗倭

小神探幫助戚繼光找回令牌，招募到一大批優質的士兵。在戰場上，戚家軍訓練有素，士兵勇敢作戰，因此屢戰屢勝，其他軍隊幾個月都無法擊破的倭寇據點，戚家軍可以在幾小時內攻克。經過好幾年的努力，戚繼光率領戚家軍成功將浙江、福建等沿海地區的倭寇全部肅清，百姓生活回復太平。

抗倭那些事

倭寇指的是十三至十六世紀，經常侵擾中國沿岸的海盜，他們進行走私，大肆搶掠。明朝時，倭寇越來越囂張，朝廷任命戚繼光抗倭，戚繼光帶領戚家軍打了多場勝仗，是明朝享負盛名的常勝軍隊。

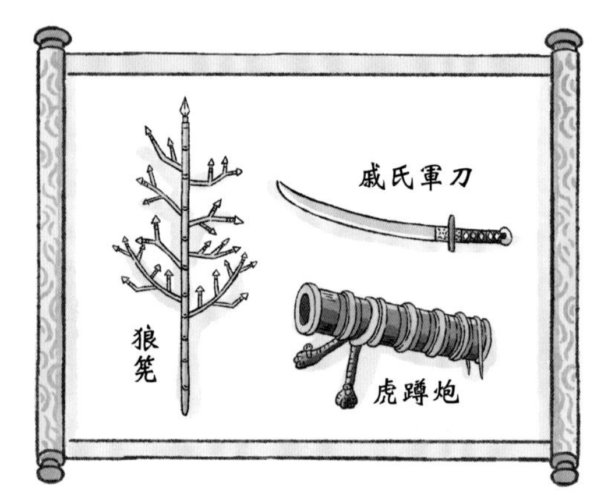

抗倭利器

除了長年累月的訓練，戚繼光還改良和發明了許多裝備，比如戚氏軍刀、狼筅（粵音冼）和新式火炮虎蹲炮，殺傷力十足。

抗倭女將

戚繼光的妻子王氏也是將門之後，她長得高大威武，還通曉兵法，常常在軍事上幫助戚繼光，即使身處軍營和戰場，也從不感到害怕。

台州之戰

一次，狡猾的倭寇趁戚繼光在其他地方剿匪，突襲台州城。戚繼光收到消息後帶領戚家軍一夜之間行軍上百里，天一亮就趕到台州，打了一場漂亮的殲滅戰。

明知故犯的人是誰？

案件難度：☆☆

朝廷頒布了新法令，規定稅賦的多少，以及服徭役的人員名單。但有人試圖逃稅漏稅，或者想要躲避徭役，內閣首輔張居正嚴令查辦此事，朝廷的捕快們奉命辦案。小神探，快幫捕快查明真相吧！

案件任務

一　根據稅收法令規定，計算逃稅漏稅的張員外應該交多少稅，以及需要補交多少稅。

二　在徭役報到現場，根據捕快的名單，找出想要躲避徭役的人。

關鍵發言人

根據調查，你的二十畝田裏有十畝是上等田，你竟敢逃税漏税！

我都交了二十兩税錢了，還不夠嗎？

名單上有些人會請別人替他服徭役，要仔細檢查。王富貴，你給我老實點，別想偷懶！

士兵

大強和小強是親兄弟，聽說他們從小臉上就長着一塊青色的胎記。

柱子

我跟張三一起過來的，這次李員外的兒子也來了，聽說他長得又高又壯，卻從沒服過徭役。

張三

二狗是我的鄰居，年紀輕輕就沒有頭髮了，真慘。

答案在第 54 頁

張居正改革

小神探和捕快們合力出擊，將問題逐個擊破。張居正的改革非常實用，懲治了大批無良地主和貪官污吏，不僅充實了國庫，還緩和了民間矛盾，使國家恢復生命力，為經歷二百年風吹雨打的明朝，帶來短暫的中興盛況。

工具書那些事

在明朝，有幾部重要的工具書問世。

農業及手工業：《天工開物》

由科學家宋應星撰寫的《天工開物》是世界上第一部關於農業和手工業生產的綜合性著作，也是中國古代一部綜合性的科技著作。

藥物學：《本草綱目》

李時珍在繼承和總結前人經驗的基礎上，結合長期的實踐和鑽研，歷時數十年編成了藥物學鉅著《本草綱目》。

數學：《幾何原本》

徐光啟和傳教士利瑪竇共同翻譯了《幾何原本》。《幾何原本》改變了中國數學發展的方向，是中國數學史上一本重要譯作。

真假寶藏之謎

案件難度：☆☆

《西遊記》的作者吳承恩在寺廟中藏起了一批東西，其中三樣是真正的寶物，只有被神奇羅盤選中的人才能找到它們。小神探，你能拼好破碎的羅盤，找出真正的有緣人，並根據羅盤的指引在寺廟裏找齊寶物嗎？

案件任務

一 用貼紙把破碎的羅盤拼湊完成。

二 尋找唯一的真正有緣人。

三 找出羅盤指引的三件呈動物樣式的寶物。

關鍵發言人

我不小心摔碎了吳先生託我保管的羅盤，誰能幫我修復一下？

丈夫囑咐過我，寶物不能讓心術不正的人得到。

修復好的羅盤會亮起光，指引我們找到真正的有緣人。

答案在第 55 頁

可能的有緣人

如果我找到寶物，就要把寺廟翻修一遍，讓大家吃好住好。

《西遊記》裏的人物神通廣大，要是找到吳先生留下來的寶物，也許我就能得道成佛吧！

找到寶物之後，我要把它們統統賣掉，大賺一筆，回老家當個土財主去。

愛看《西遊記》的人很多，這本書的作者肯定很有錢。你們這些刁民快把寶物交上來，不然就把你們統統關入大牢。

屬狗

說書先生

我平時總在酒館裏給大家說《西遊記》，可是最近囊中羞澀，要是有一筆錢，我就能開間茶館，天天給大家說書了。

答案在第55頁 ▶

答案在第 55 頁

藏了寶物的寺廟
!
!

《西遊記》

小神探根據指示修復了吳承恩的羅盤，找到真正的有緣人，並在寺廟裏找齊了三件寶物。由吳承恩所著的《西遊記》，與《紅樓夢》、《三國演義》、《水滸傳》並稱為中國古典四大名著，是我國的經典讀物。

四大名著那些事

《西遊記》

《西遊記》是明代吳承恩所著的神魔小說，講述了唐僧西天取經遭遇八十一難的故事，書中的孫悟空、豬八戒、沙僧、唐僧都是人們耳熟能詳的經典角色。

《三國演義》

《三國演義》是元末明初羅貫中所著的歷史小說，敍述了東漢末年羣雄並起、三國鼎立的故事。書中人物諸葛亮、劉備、曹操等均為人熟悉。

《水滸傳》

《水滸傳》由元末明初的施耐庵所著，記錄了梁山一百零八位好漢劫富濟貧，反抗朝廷的故事。著名的「武松打虎」便出自於此。

《紅樓夢》

由清代曹雪芹所著，被譽為中國古典小說的巔峯。故事講述賈府的興衰、賈寶玉與林黛玉的感情發展、賈府各人命運。

抓住武士首領

案件難度：✿✿

日本入侵朝鮮，明朝將軍李如松奉命前去支援朝鮮。在一處秘密基地的大殿內，日本武士不僅挾持了一批老百姓，還得到了重要的地圖和令牌。李如松得到了通往大殿的秘道地圖，你能幫助李如松趕在日本武士逃離前通過秘道，抓住他們嗎？

案件任務

一 幫助李如松通過秘道進入大殿。

二 找出地圖和令牌。

三 找出日本武士的首領。

關鍵發言人

日本武士

令牌是一個銅牌，很不起眼的。我弟弟負責護送地圖，不知道成功逃走了沒有。

李如松

關好門，一個日本武士也不要放走，情報顯示，敵方首領在此！

秘道第一層

秘道第二層

剛剛有個大鬍子原本穿着紅色衣服，一聽說明軍來了，就脫下紅衣服不知去向。

一般的朝鮮平民是不會佩刀的，俘虜中攜帶刀具的都很可疑。

我們的「斷眉將軍」沒來得及撤退，好在他已經趁亂混在朝鮮人之中了。

答案在第 55 頁

萬曆三大征

在小神探的幫助下，李如松帶領部隊順利地通過秘道，找到了機密情報和潛伏在人羣中的日本武士首領，日本入侵朝鮮的計劃宣告失敗。朝鮮之役和寧夏之役、播州之役被統稱為「萬曆三大征」，明朝雖然勝出這三次大戰，但戰亂大大損耗明朝的人力、物力和財力，為日後覆滅埋下了伏筆。

特務那些事

特務專門負責收集情報，直接聽命於皇帝，明朝先後設立幾個特務機構。

錦衣衛

明朝初年，朱元璋設立了錦衣衛這一特務機構，負責監視百官，巡查緝盜。他們直接隸屬於皇帝，權力很大。

東廠

然而，錦衣衛的權力過大，出現了貪贓枉法、徇私舞弊、屈打成招的現象，因此皇帝任用自己的親信太監設立了東廠，負責管轄錦衣衛。

西廠

後來，錦衣衛的權力受到約束，東廠的權力卻開始失控，無奈之下，皇帝又設立了西廠，以制衡東廠。

答案

反敗為勝的時機

案件難度：☆

任務一
尋找藏在敵人船上的火藥。

○ 四處火藥

任務二
尋找朱元璋的先鋒官。

根據士兵的描述，在朱元璋船艦上的先鋒官是個大鬍子，愛戴紅色親兵盔，符合這兩個條件的只有一個人。

任務三
確定朱元璋下令出擊的時間。

已知陳友諒艦隊的船隻又大又結實。根據士兵的發言，早上出擊對朱元璋的艦隊不利，而中午天氣炎熱，對雙方士兵體力消耗較大，只有晚上的大風能讓火藥威力倍增。因此，應該半夜起風後出擊。

官印失竊案

案件難度：☆☆☆

任務一
在失竊的房間裏找出盜賊留下的四處痕跡。

盜賊的痕跡

任務二
在客棧裏尋找六枚失竊的官印。

丟失的官印

任務三
找出偷走官印的盜賊。

從小二的發言得知，知道官印存在的有書生、王神仙、掌櫃。商人把布賣給了書生和掌櫃，掌櫃的黑布用來做褲子，且身上的墨跡來自桌上的硯台，所以可以排除掌櫃。而書生的黑布不見了，從失竊的房間可知，盜賊在現場留下了黑色的面巾和墨跡，同時滿足這三點的只有書生。

誰懷詭計偷上船？

案件難度：☆

任務一
找出三樣海盜的可疑物品。

海盜的可疑物品

任務二
找出混入船隊的海盜。

根據火長和士兵的對話可知，有兩名海盜混入了船隊，有紋身的就是海盜了。

尋找守城物資

案件難度：☆☆☆

任務一

根據兩個卷軸仔細檢查城內的十處不同。

○ 城內的十處漏洞

任務二

幫助士兵找出急需的四樣守城物資。

任務三

尋找混入人羣的奸臣喜寧。

根據于謙和官員的描述，奸臣喜寧佩帶玉佩且會易容術，再根據平民的描述可知，喜寧拿走了他的鬍鬚。而被盜去鬍鬚的平民，頭髮花白，推斷鬍鬚也是白色，因此佩帶玉佩、有白色假鬍鬚的是喜寧。

髮簪被竊案

案件難度：☆☆

任務一

替士兵們找出森林裏潛藏的五處危險。

任務二

尋找丟失的髮簪。

任務三

找出偷走髮簪的小偷。

根據太監發言，鎖定小偷在穿藍色衣服的僕人之中，再根據副將和士兵的對話以及髮簪的位置可知，小偷在收藏髮簪時會被樹上的馬蜂蜇出紅色的包，由此知道小偷是誰。

補齊缺失的鴛鴦陣

案件難度：☆☆

任務一
找回戚繼光的令牌。

任務二
在軍營門口的九個人中，挑出符合戚家軍招兵條件的人。

◯ 符合條件的人

根據文書和士兵的描述，先排除年紀太大的，再排除過於瘦弱者，最後排除讀書人。符合戚家軍條件的總共有六個人。

任務三
用貼紙將鴛鴦陣補齊。

圖中共有左右兩組鴛鴦陣，而根據副官的描述，把手持兵器左右對應的士兵補上便可。

明知故犯的人是誰？

案件難度：☆☆

任務一
根據稅收法令規定，計算逃稅漏稅的張員外應該交多少稅，以及需要補交多少稅。

徭役法令規定：
所有成年男子都要服徭役。
稅收法令規定：
每個人必須按田地等級交稅：
上等田每畝交稅五兩，
下等田每畝交稅二兩。

張員外二十畝田裏有十畝上等田、十畝下等田，應該交稅：上等田共五十兩，下等田共二十兩，一共七十兩。而張員外卻只交稅二十兩，因此應當補交五十兩稅錢。

任務二
在徭役報到現場，根據捕快的名單，找出想要躲避徭役的人。

根據官員的發言，排除一號王富貴。根據士兵發言，大強、小強都有胎記，三號小強臉上沒有胎記，是第一個逃避徭役的人。根據張三的發言可以排除六號二狗。根據柱子的發言，得知瘦削的五號李有財與柱子描述的特徵不符，他是第二個逃避徭役的人。

真假寶藏之謎

案件難度：☆☆

任務一

用貼紙把破碎的羅盤拼湊完成。

任務二

尋找唯一的真正有緣人。

根據吳承恩朋友的發言可知，商人、捕快、說書先生生肖對應羅盤上的亮點，是吳先生的有緣人。根據吳承恩妻子的發言可知，寶物不能讓心術不正的人得到，因此確認說書先生為有緣人。

任務三

找出羅盤指引下的三件呈動物樣式的寶物。

根據羅盤亮光處的動物樣式，呈現為狗、猴子、老虎樣式的才是真正的寶物。

抓住武士首領

案件難度：☆☆

任務一

幫助李如松通過秘道進入大殿。

樓梯可以連接上下兩層的秘道，而顏色相同的樓梯是走出迷宮的關鍵。

任務二

找出地圖和令牌。

任務三

找出日本武士的首領。

根據描述，日本首領留了大鬍子、帶了佩刀、斷眉，符合以上特徵的就是「斷眉將軍」。

小咕嚕在這裏！

反敗為勝的時機
朱元璋艦隊
陳友諒艦隊
官印失竊案
誰懷詭計偷上船？
尋找守城物資
髮簪被竊案
補齊缺失的鴛鴦陣
明知故犯的人是誰？
大殿
抓住武士首領
真假寶藏之謎
嘻嘻，你找到我了嗎？

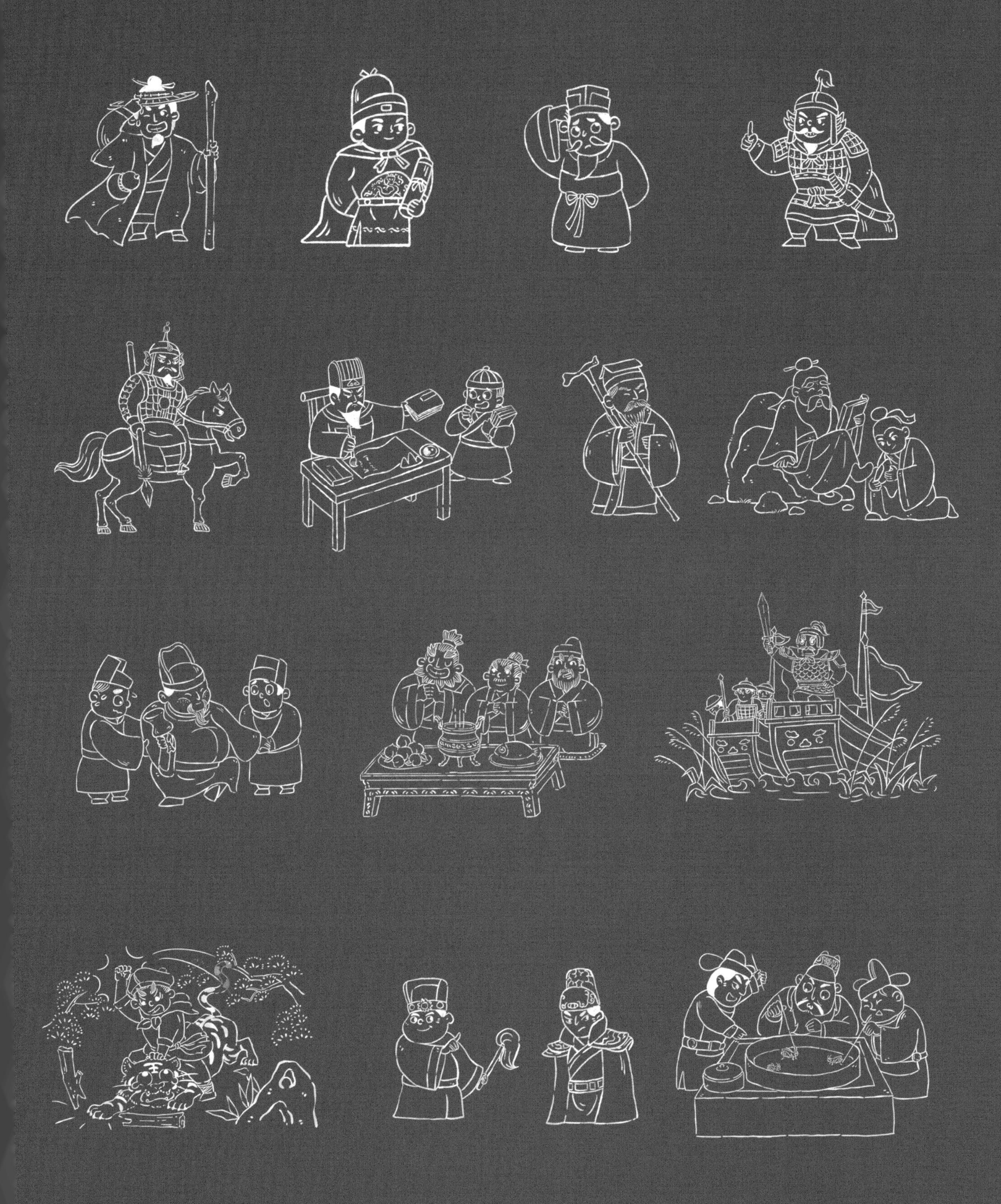

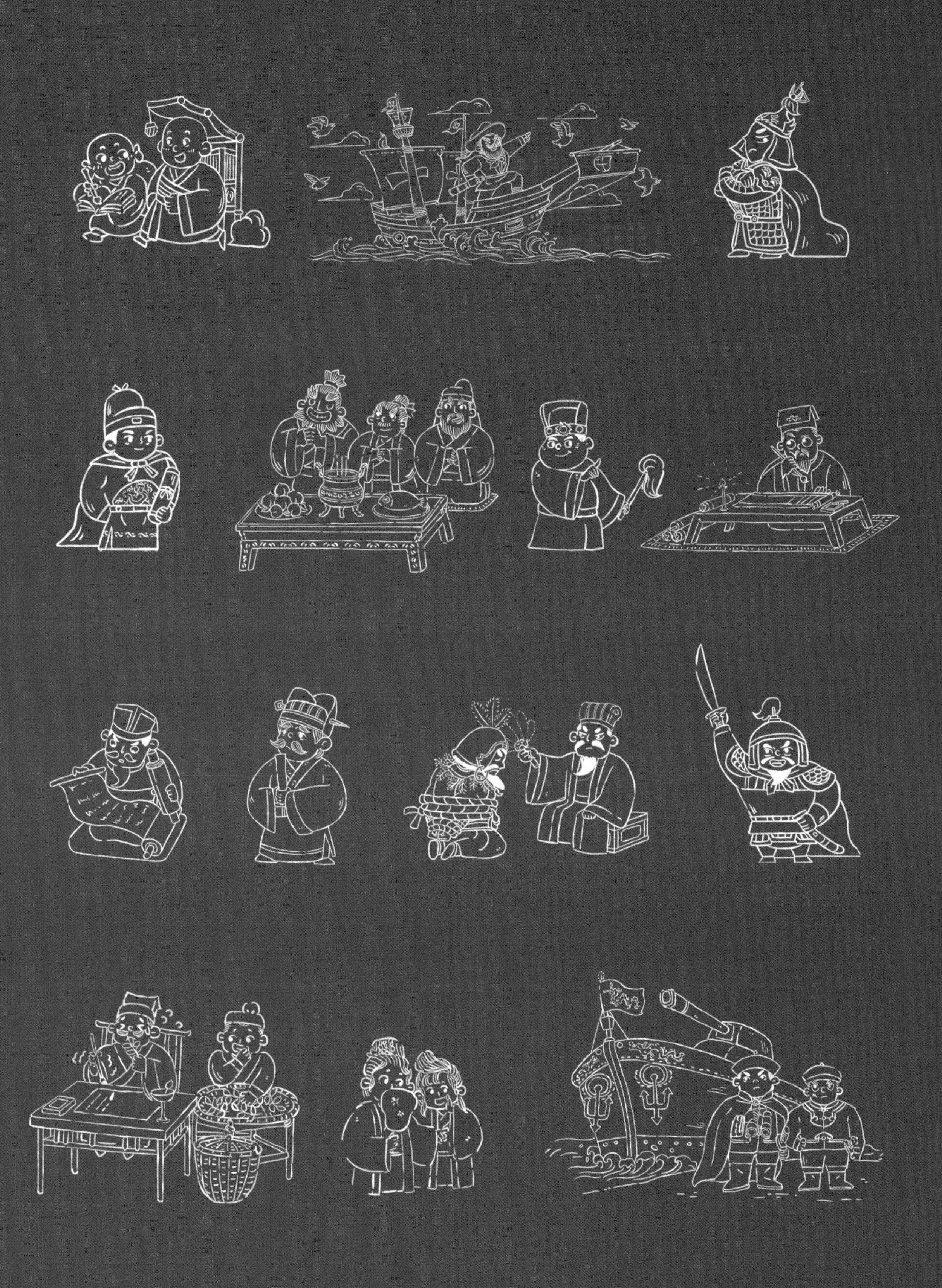